七个世界　一个星球

SEVEN WORLDS ONE PLANET

展现七大洲生动的生命图景

大 洋 洲

［英］丽莎·里根/文　孙晓颖/译

科学普及出版社
·北 京·

荒野秘境

　　澳大利亚是世界上唯一一个独占一块大陆的国家。它与新西兰及附近南太平洋诸岛，以及美拉尼西亚、密克罗尼西亚和波利尼西亚三大岛群共同组成大洋洲。就陆地面积来讲，澳大利亚大陆是世界上最小的大陆，约占地球表面积的 1.5%。不过，这里栖息着各种神奇的动物，其中很多是当地特有的物种。

● **大洋洲国家总数：** 16 个　● **面积最大的国家：** 澳大利亚　● **面积最小的国家：** 瑙鲁

澳大利亚地势平坦、气候干燥，平均海拔很低。尽管澳大利亚的东北部也有雨林，但大陆西部和广大内陆有大面积的干旱和半干旱地区。

冬天，**澳大利亚山脉**（Australian Alps）被积雪覆盖，就像欧洲与其同名的阿尔卑斯山脉（Alps）一样。

澳大利亚大陆是唯一一个没有**冰川**和**活火山**的大陆。

澳大利亚是大洋洲面积最大的国家，国土面积位居世界**第六**；它也是完全位于南半球面积最大的国家，同时是最大的没有陆地边境线的国家。

澳大利亚拥有迄今发现的地球上最古老的岩石，它已有约 **43.74 亿年**的历史。

多样地貌

大多数居民和野生动物都生活在澳大利亚的边缘地带。中部地带为干旱和半干旱地区。澳大利亚有令人惊叹的岩层和水洞，还有 750 多种爬行动物，这个数量比其他任何大陆都多。

3

● **最长的河流：**墨累河　　● **最大的湖泊：**艾尔湖　　● **最高的山：**科西阿斯科山

澳大利亚概览

澳大利亚与其他大陆长期隔绝，因而孕育了异常繁多的本土动物。它是世界上最毒的蛇、最危险的蜘蛛以及鲨鱼的家园。尽管它们与人类的轨迹偶有交集，但辽阔的地域足以让这些危险的动物远离人类的生活。除了沙漠，澳大利亚还有雨林、落叶林、大草原以及沿海地区的珊瑚礁。

不同寻常的动物

澳大利亚的大多数哺乳动物是有袋目动物或单孔目动物。有袋目动物用育儿袋保护幼崽，直到幼崽能够自食其力。单孔目动物虽然属于哺乳动物，但它们是卵生的，而非胎生的。

澳大利亚和新西兰的一些鸟类不会飞，其中包括澳大利亚最高的鸟——鸸鹋（ér miáo）。

世界上毒性最强的 25 种蛇中有 20 种生活在澳大利亚，包括图中的太攀蛇。

针鼹（yǎn）是世界上仅存的两种卵生哺乳动物之一。

● 位于内陆的**奥古斯塔斯山**被认为有约 10 亿年的历史，是世界上最大的岩石。

● 澳大利亚绵长的海岸线上分布着 **1 万多个**海滩。

● 这片陆地有着**极端**的自然条件，包括山火、热带气旋、沙尘暴和山洪。

● 在位于西澳大利亚州的杰克山发现的一块**锆（gào）石晶体**约有 43.74 亿年的历史。

乔装的恶魔

扫码看视频

  不要被这只满脸触须、毛茸茸的小动物的可爱样貌蒙蔽。它拥有锋利的牙齿，以及同等体形陆生哺乳动物中最强大的咬合力。它就是袋獾（huān），又被称为塔斯马尼亚恶魔，是澳大利亚的有袋目动物之一。刚出生的袋獾幼崽尚未发育完全，会在母亲的育儿袋中进食和成长。

袋獾曾在澳大利亚随处可见。

它们在哪里生活？

它们仅出现在澳大利亚的塔斯马尼亚州，通常在袋熊挖掘的地洞里安家。

它们一胎能生几只幼崽？

袋獾妈妈有时一胎能生下 30 只幼崽，但只有少数能存活，因为它只有四个乳头可以喂养幼崽，刚出生的幼崽像小猫一样活泼。

它们是夜行动物吗？

是的，它们在夜间狩猎，什么都吃，包括被撞死的动物，以及其他类型的腐肉。它们会吞食整个猎物，包括毛皮和骨头。

它们的叫声是什么样的？

"恶魔"这个别称来源于它们在夜间发出的不绝于耳的、魔鬼般的尖叫和咆哮。它们还通过哼、嗅、咳和打喷嚏等方式把其他动物吓跑。

袋獾

学名：*Sarcophilus harrisii*
分布：澳大利亚塔斯马尼亚州
食物：肉类，尤其是腐肉
受到的威胁：疾病、交通事故、人为猎杀
受胁等级 *：濒危

特征：袋獾只有宠物猫那么大，却有不容小觑的力量。硕大的头部和可以张得很大的嘴，使它拥有强大的咬合力。它的毛皮主要呈黑色，胸部通常有白色的斑纹，耳朵是亮粉色的。

* 关于受胁等级的说明，请参阅第 44 页。

清洁行动

这些"小恶魔"在生态系统中起着重要作用。它们通过吃掉死亡或生病的动物，清除了有害物质，防止苍蝇和其他害虫泛滥。

觅食时刻

除了吃腐肉，袋獾也会捕杀猎物。它们喜欢单独行动，伏击或追捕鸟类、蛇类，以及袋鼠、袋熊等猎物。

有袋目动物用尾巴储存脂肪，袋獾也不例外。对袋獾来说，丰满的尾巴是健康的标志。

攀爬能手

幼年袋獾的爬树本领比成年袋獾更强。据说这是幼年袋獾躲避成年袋獾的方式，因为如果食物匮乏，成年袋獾就可能会吃掉幼年袋獾。

东迁西徙

袋獾拥有多个固定的洞穴，每隔几天就会换个洞穴居住。

寿命短暂

这些小动物在野外存活的时间并不长，通常不超过六年。因受到面部肿瘤这种严重疾病的困扰，它们常会无法进食，进而丧命。

遭受威胁

尽管其别称与塔斯马尼亚州的名字有关,但袋獾曾遍布整个澳大利亚大陆。然而,自从澳洲野犬来到澳大利亚大陆,袋獾的数量就开始急剧下降,甚至濒临灭绝。如今,塔斯马尼亚州的袋獾已处于濒危状态。为了保护仅存的袋獾,人们已启动了野生动物保护计划。

这是野生的澳洲野犬。

指示牌: 濒危动物出没, 黄昏至黎明, 请小心慢行

小心车辆

除面部肿瘤疾病以外,人类也对袋獾的生命造成了威胁。由于它们是夜行性动物,所以常常会出现在夜晚的道路上。人们很难发现这些黑色的家伙,所以袋獾经常会遭到汽车的撞击。

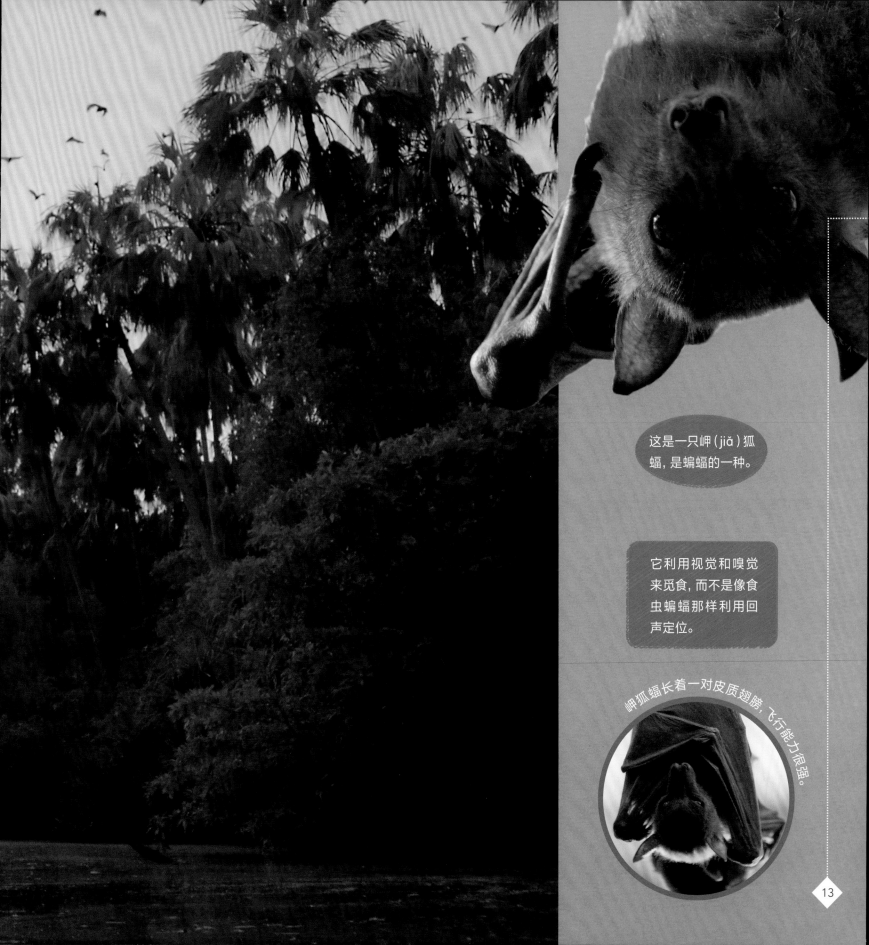

这是一只岬（jiǎ）狐蝠，是蝙蝠的一种。

它利用视觉和嗅觉来觅食，而不是像食虫蝙蝠那样利用回声定位。

岬狐蝠长着一对皮质翅膀，飞行能力很强。

13

展翅飞翔

澳大利亚有四种狐蝠。它们白天栖息在树上，夜晚飞出去觅食。狐蝠主要以植物为食，有些喜欢吃水果，有些则喜欢吸食花粉和花蜜。岬狐蝠是所有狐蝠中体形较小的一种。

蝙蝠用后肢各趾和前肢拇指抓握树枝。

岬狐蝠

学名： *Pteropus scapulatus*
分布： 主要在澳大利亚北部和东部地区
受胁等级： 无危

它们吃什么？

它们穿梭于不同的树木之间，吸食甜美的花蜜，是重要的授粉者。

它们是群居动物吗？

它们聚集在一起，形成巨大的聚居群落，有些会聚集超过 2 万只蝙蝠，还有一些特别大的可聚集上百万只蝙蝠。

它们如何饮水？

它们俯冲到河里沾湿毛皮，待安全回到树上，再吸吮身上的水。然而，有些蝙蝠会不幸被在水中等待的鳄鱼猎杀。

扫码看视频

巨大的翅膀使狐蝠很难在地面上行走或起飞，因此它们倒挂在树枝上休息。

双垂鹤鸵

学名：*Casuarius casuarius*

分布：巴布亚新几内亚和澳大利亚东北部

食物：以浆果为主，有时也吃花朵、真菌、小型动物、腐肉等

天敌：鸟蛋和幼鸟会被猪、老鼠、狗、蜥蜴掠食

受到的威胁：栖息地减少、捕猎、交通事故、自然灾害（暴风雨和洪水）

受胁等级：无危

特征：双垂鹤鸵有色彩艳丽的头冠、长长的脖子和短小的翅膀，很容易被识别。它们喉下还长着两片鲜红的肉垂，肉垂颜色会随着年龄的增长而发生变化。其喙长而略弯，羽毛细长而浓密，呈美丽的亮黑色。腿上长有鳞状皮肤，脚有三趾。三趾均有尖尖的趾甲，最内侧趾甲呈匕首状，锋利无比。

它们的体形有多大？

成鸟平均身高多为 1.5~1.8 米，雌性比雄性高；成鸟体重可达 50 ~ 70 千克，仅次于鸵鸟，是世界上现存体重第二重的鸟类。

它们是恐龙的近亲吗？

其爪子和独特的头冠看起来和一些兽脚亚目恐龙非常相似。如今，科学家们认为所有鸟类都是 1 亿多年前骨骼中空的三趾足恐龙的后代。

头冠的用途是什么？

头冠为骨角质冠，也被称为"头盔"或"骨冕角"，由覆盖着皮肤的角蛋白构成（犀牛角、手指甲、羽毛和头发都是由角蛋白构成的）。科学家们还不确定它的用途，但认为它可以调节温度或使叫声更洪亮。

活恐龙

这种长得像恐龙的鸟是鹤鸵，鹤鸵属有三个种：两种生活在澳大利亚北部的岛屿上，还有一种体形最大的双垂鹤鸵生活在澳大利亚的雨林中。鹤鸵都不会飞、体形很大、生性害羞，很少有人能见到它们。

鹤鸵蛋呈明亮的绿色。

鹤鸵生活在茂密的热带雨林中。

雌鸟在落叶上产卵后即离开,留下雄鸟独自孵化雏鸟。

年度好爸爸

鹤鸵是一种与众不同的鸟类。鹤鸵爸爸独自承担养育幼鸟的责任,而不是和鹤鸵妈妈共同养育或把哺育工作留给鹤鸵妈妈。一只雌性鹤鸵的领地会与几只雄性鹤鸵的领地重合,雌性和领地内的所有雄性交配,然后留下鹤鸵爸爸照顾鸟蛋及孵化雏鸟。

鹤鸵日常

1 快点儿，孩子们！努力跟上！

2 雏鸟在森林里落单会有危险。

3 哦，这水对你来说有点儿深，因为你的腿还不够长。

4 爸爸为宝贝们寻找食物。如果食物太大，爸爸还会将食物啄碎。

几维是世界上唯一一种鼻孔长在喙尖的鸟类。

不会飞的鸟

　　鹤鸵属于古颚总目（又名平胸总目）。古颚总目还包括鸸鹋、鸵鸟、美洲鸵鸟和几维等。其中大部分鸟类都不会飞，因为它们胸骨平坦，无法支撑飞行所需的肌肉。古颚目中的一些鸟类翅膀很小，但鸵鸟和美洲鸵鸟的翅膀很大，它们的大翅膀主要用于求偶或奔跑。

奔跑能手

　　古颚总目包括一些地球上最大的鸟类，它们的腿长而有力。鸵鸟（见下图）分布在非洲，美洲鸵鸟分布在南美洲，而鸸鹋（见上图）和几维则是大洋洲的本土鸟类。

鸸鹋是澳大利亚体形最大的本土鸟类，也是世界上现存的体形第二大的鸟类。

鸵鸟是世界上体形最大的鸟类，不会飞，但天生擅长奔跑。

不会飞的鸟类图鉴

不会飞的鸟并非全都属于古颚总目。新西兰有很多种属于其他目却不会飞的鸟，它们因栖息在远离各种天敌的岛上而逐渐失去了飞行能力。世界上一半以上不会飞的鸟类属于近危或易危动物。

鸮（xiāo）鹦鹉

属于夜行鸟类，在地上的洞穴中筑巢，是世界上最重的鹦鹉！它们响亮的叫声能传到很远的地方。

新西兰秧鸡

虽然看上去很普通，但这种不会飞、长得像鸡、生活在新西兰的鸟有一个不寻常的本领——游泳！

几维

几维共有五种，均来自新西兰，是古颚总目中体形最小的。与成鸟相比，几维的蛋个头很大。

单垂鹤鸵

单垂鹤鸵（又名北鹤鸵）体形略小于双垂鹤鸵（又名南鹤鸵），并且只有一个肉垂，而不是两个。

巨水鸡

生活在新西兰的一种不会飞的地栖性鸟类，曾被认为已经灭绝，20世纪中期被重新发现。

小蓝企鹅

澳大利亚大陆本土企鹅，又被称为小蓝企鹅、神仙企鹅，是世界上体形最小的企鹅。

鸸鹋

鸸鹋仅见于澳大利亚，比部分人类还高，跑得飞快。

这是一只普通袋熊，是澳大利亚有袋目动物中的一员。

袋熊的粪便形状特殊: 近乎立方体! 当袋熊标记自己的领地时, 这种形状的粪便不易滚走。

它们生性害羞, 通常独居。

袋熊生活在庞大的地下洞穴里。

强悍的野兽

这些家伙看上去憨态可掬，但它们出奇地敦实沉重，而且牙尖爪利，奔跑速度惊人！它们的后腿比前腿略长，头大而方，脖子很短，长着小圆耳、小眼睛和一个大鼻子。

塔斯马尼亚袋熊

学名：*Vombatus ursinus*

分布：澳大利亚东南部，塔斯马尼亚州

受胁等级：无危

扫码看视频

它们吃什么？

袋熊是食草动物，以各种草为食。没有草吃的时候，它们也会啃树皮和树根，比如冬季降雪的时候。

它们能长多大？

成年袋熊约有一只大狗那么重，但因为其腿比较短，所以看起来很矮。

它们白天出来活动吗？

袋熊大多在夜间活动，但在寒冷的季节，它们白天会出来晒太阳。

一些袋熊生活在澳大利亚大分水岭的高山地带，那里终年白雪皑皑。

哺育幼崽

　　和其他有袋动物一样，袋熊用育儿袋哺育幼崽。育儿袋里有袋熊妈妈的乳头，幼崽不需要去外面觅食。袋熊宝宝会在安全的育儿袋里生活七个月之久。

后向育儿袋

　　袋熊的育儿袋很特别，开口朝后，在两条后腿之间。这样，在袋熊妈妈挖洞时，袋熊宝宝就不会被泥土覆盖了。

像其他有袋动物的幼崽一样，袋熊幼崽被称为幼兽。

25

灰袋鼠

学名：*Macropus giganteus*

分布：澳大利亚大陆东部地区、塔斯马尼亚州

食物：植物、嫩草和根

天敌：澳洲野犬

受到的威胁：被视为有害动物或因肉类贸易被猎杀

受胁等级：无危

特征：灰袋鼠的毛皮比其他种类的袋鼠厚，呈深浅不一的灰色，不过它们的腹部往往更白。它们体形巨大，有强壮的后腿和一对大脚。尾巴长而有力，有助于保持身体平衡；头小，有一对直立的大耳朵。

它们群居生活吗？

灰袋鼠以群聚居，一群灰袋鼠通常包括一只占主导地位的雄袋鼠、若干雌袋鼠，以及它们的幼崽。

它们有多高？

它们是世界第二高的袋鼠。雄性身高可达 2 米，雌性可达 1.2 米左右。它们的身高仅次于红大袋鼠。

它们的速度有多快？

它们跳得相当快！灰袋鼠的短时速度最高可达 64 千米 / 时，远程速度可达 40 千米 / 时。

它们是夜行动物吗？

是的。它们黄昏时分开始活动，整夜觅食。在炎热地区，它们白天会躲在阴凉处。

灰袋鼠在整个澳大利亚受到法律保护。

澳大利亚的象征

　　从海滩到内陆中部的干旱地区，再到澳大利亚雪山山脉，澳大利亚到处都有袋鼠的身影。它们在恶劣的条件下艰难求生，育儿袋是幼崽的最佳庇护所。大洋洲数量较多的袋鼠主要有红大袋鼠、羚大袋鼠、灰袋鼠和烟色大袋鼠。

一旦察觉到危险，它们就会用后腿重击地面。

家庭地位

　　大多数袋鼠群中都有一只占主导地位的雄袋鼠，它与几只雌袋鼠交配。为夺取这一地位，雄袋鼠之间可能会发生争斗。这两个对手在搏击中相互对峙，它们用前爪互殴，用粗壮有力的后腿重击对方。

育儿袋

　　刚出生的袋鼠宝宝个头非常小，有些体重还不到1克，比樱桃还小。出生后，袋鼠宝宝会爬进母亲的育儿袋，从四个乳头中找一个吮吸乳汁。当它长到足够大时，它就会从育儿袋中爬进爬出，直到9个月左右，才会在袋外待更长的时间。神奇的是，袋鼠妈妈乳汁的营养成分会随着小袋鼠成长需求的变化而发生变化。小袋鼠在18个月左右开始独立生活。

● 袋鼠不会走，只会跳。它们跳跃时，两条后腿行动一致，不能分开移动。

● 有力的后腿可以帮助它们前行。跳跃速度越快，消耗的能量越少。

● 个别种类的袋鼠快速前进时，一步能跳 9 米远。

澳洲野犬

像家犬一样，澳洲野犬的毛皮也有各种颜色。有些是白色的或黑色的，但许多是深浅不一的棕色或黄色的，如沙棕色、姜黄色等。

澳洲野犬是袋鼠的主要天敌。澳洲野犬是狼的后代，4 000 多年前从亚洲来到澳大利亚。和世界各地的许多野犬一样，它们擅长奔跑，有长距离持续追逐猎物的耐力。

扫码看视频

群体和幼崽

澳洲野犬成群生活。通常雌性一窝可产四到五只幼崽。有研究者发现，出生仅几个月的幼崽就会跟随成年野犬捕猎。

藏身之处

澳洲野犬的幼崽很少能被发现。它们往往躲在洞穴中，等待妈妈带回一天的战利品喂养它们。澳洲野犬以各种动物为食，这些动物包括小袋鼠、沙袋鼠，还有兔子、蜥蜴、田鼠和老鼠。它们也会吃腐肉和植物。

澳大利亚的野狗围栏绵延5 600多千米，它的建立是为了防止澳洲野犬进入绵羊养殖区。

是敌是友？

澳洲野犬在澳大利亚的一部分地区受到保护，而在其他地区遭到捕杀。不过，科学家认为它们有助于平衡生态系统，主要是因为它们有捕食狐狸、野猫和其他非本土物种的习性。

所有的野生虎皮鹦鹉都有相同的颜
色：黄绿相间，有黑色的条纹和蓝色
的尾羽。

野生虎皮鹦鹉成群生活。

它们的羽毛在紫外线的照射下会发出荧光。

在空中盘旋

成群的虎皮鹦鹉云集在一起，尤其是在寻找食物和水的时候。这些野生虎皮鹦鹉生活在开阔的林区、草地和灌木丛中。它们四处巡游，不停地寻找新的水源。

最大的虎皮鹦鹉群有多少只虎皮鹦鹉？

大多数虎皮鹦鹉群都呈中小规模，以便迁移。不过，当鸟群同时聚集在一个水池边时，可形成超过 100 万只的巨型鸟群。

如何做到如此密集的飞行？

虎皮鹦鹉群有自己的飞行规则，以防止在半空中相撞。每当转弯时，它们集体向右转，这让飞行更安全！

虎皮鹦鹉

学名：*Melopsittacus undulatus*

食物：以种子为主

受胁等级：无危

虎皮鹦鹉是一种澳大利亚本土的长尾鹦鹉。

一起喝点儿水吧！

1 连续几个星期的飞行让大家口渴难耐。趁现在安全，去喝点儿水吧！

2 有只老鹰在附近盘旋，最好小心点儿！

3 成群结队地飞行可以保护大家的安全。

4 但有时，老鹰也会得手。

扫码看视频

针鼹也叫刺食蚁兽。

什么是单孔目动物?

这个独特的哺乳动物群体只有两个科,即针鼹科和鸭嘴兽科。单孔目动物会产卵,不像其他哺乳动物那样直接生下幼崽。它们喂养幼崽的方式也与其他哺乳动物不同,乳汁通过皮肤上的乳腺分泌,而不是通过乳头分泌。

鸭嘴兽生活在澳大利亚东部和塔斯马尼亚的淡水池塘、湖泊和河流中。

它们在水中捕食无脊椎动物,如昆虫、蠕虫和贝类。

喙上的电感受器可以帮助它们发现猎物。

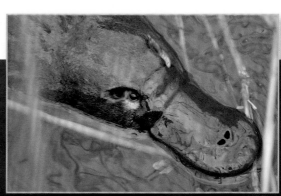

疯狂的动物

鸭嘴兽如此奇特,让人难以相信它是真实存在的。它长着河狸的尾巴和企鹅的脚,以及一张鸭子的嘴。不仅如此,它还是极少数有毒的哺乳动物之一。雄性鸭嘴兽的后肢上有刺,可将毒液注入攻击者体内。

你知道吗？

● 在针鼹科中，分布最广的是短吻针鼹，它们遍布澳大利亚。

● 它们很胆小，如果感觉受到威胁，身体就会滚成一团。

● 它们用长鼻子翻找食物。

● 它们的舌头很有黏性，可以舔食蚂蚁和白蚁等昆虫。

圣地

这就是乌卢鲁（旧称艾尔斯岩石），是一座位于澳大利亚北部地区南部的巨大岩石山。6 万年前，最早来到这里的人把它视为圣地。这是一个很不利于生存的环境，土地贫瘠、植被稀少、食物和水源匮乏，却是一些最顽强的动物——爬行动物的家园。

认识爬行动物

澳大利亚大陆的爬行动物种类比任何其他大陆都多。爬行动物属于脊椎动物（有脊椎骨），干燥的皮肤上覆盖着鳞片或甲，通常产软壳蛋。它们是变温动物（又称冷血动物），自身不能调节体温，而是随着外界环境温度的变化而变化。

眼斑巨蜥通过捕食其他蜥蜴获取身体所需的一部分水分。

它们生活在偏远地带且生性害羞，因此很少见。

扫码看视频

你知道吗？

- 它们是澳大利亚最大的巨蜥，也是世界上体形第四大的巨蜥。

- 成年眼斑巨蜥的体长平均可达 2 米。

- 它们主要生活在地面上，但很擅长爬树。

眼斑巨蜥生活在澳大利亚干旱少雨的地带，捕食其他蜥蜴是其获得水分的一种途径。很多蜥蜴，包括鬣狮蜥和蓝舌石龙子，都是它们的食物。澳大利亚有数百种蜥蜴，简直是蜥蜴的天堂。

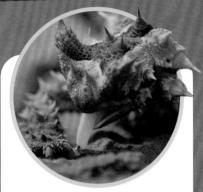

澳洲魔蜥

这种体形较小的蜥蜴身上的锥形刺有助于保护它免受捕食者的侵害。它们头部后方有两个较大的尖尖的隆起，敌人看到后很可能会望而却步。

比诺埃壁虎

壁虎可以断尾求生。比诺埃壁虎是澳大利亚分布最广的壁虎。

砂巨蜥

这种行动迅速的动物喜欢住在洞里，经常抢占兔子洞。

蓝舌石龙子

体长可达 60 厘米，腿脚短小。受到惊吓时，它们会鼓起身体，伸出舌头，发出嘶嘶声。

瘤尾守宫

这种奇特的生物有一条肥厚的胡萝卜状尾巴。因受惊扰时会发出警告的鸣叫声，也被称为鸣叫守宫。

鬣狮蜥

在澳大利亚大部分地区可以见到这种蜥蜴。感到害怕或受到威胁时，它们会鼓起带刺的下巴。

巴顿氏蛇蜥

巴顿氏蛇蜥体形像蛇，楔形吻，舌头宽而平。和其他蜥蜴一样，它们也可以断尾求生。

澳洲魔蜥

这种蜥蜴在澳大利亚内陆地区那些口干舌燥的巨蜥眼皮底下活动。这是一种令人惊讶的动物，它们的体形像老鼠一样小，却可以一顿吃几千只蚂蚁。它们喝水时不用舌头卷水，而是站在小水坑里，用脚上的特殊凹槽吸水，水经皮肤到达嘴里——它们从不会因低头饮水而让捕食者有机可乘。

扫码看视频

巨蜥的超级感官

巨蜥舌头分叉，可提升其嗅觉灵敏度。它们通过伸缩舌头来捕捉气味，并将其传递到口腔顶部的感受器中。舌头分叉的形状使巨蜥能接收两侧的信息，有助于判断气味的方向。

澳大利亚巨蜥也叫澳洲巨蜥。

挥舞手臂

这些蜘蛛叫跳蛛，身长仅约 5 毫米，约一粒米大小，生活在澳大利亚大陆。和其他蜘蛛一样，它们有八条腿，但雄性有一对腿的末端长有独特的心形触肢跗（fū）节。

谨慎行事

雄跳蛛用这对独特的触肢向雌跳蛛发出求爱信号。如果雌跳蛛愿意交配，雄跳蛛就会靠近它；交配完毕后，雄跳蛛最好远远躲开，因为已交配过的雌跳蛛可能会攻击甚至杀死任何靠近它的雄跳蛛！

它们如何捕食？

和许多蜘蛛不同，跳蛛不依靠蛛网捕食，而是在逡巡中搜索猎物。一旦发现并抓住猎物，它们就会向其注射毒液。不过别担心，它们的毒液对人类无害。

跳蛛分几种？

澳洲跳蛛有 14 种（可能有更多种类有待发现），跳蛛属于跳蛛科。世界上有 6 000 多种跳蛛，它们分布在许多国家，而不仅仅生活在澳大利亚。

雄性向雌性挥舞手臂，表明自己是追求者而非食物！一只有耐心的雄跳蛛可以一挥就是几个小时。

扫码看视频

风险名录

世界自然保护联盟(IUCN)《受胁物种红色名录》收录了全球动物、植物和真菌的相关信息,并对每个物种的灭绝风险进行了评估。该名录由数千名专家共同编写,将物种的受胁水平分为七个等级——从无危(没有风险)到灭绝(最后一个个体已经死亡),名录中的每一个物种都被归入一个等级。

无危　　近危　　易危　　濒危　　极危　　野外灭绝　　灭绝

● 几个世纪以来,生活在澳大利亚的哺乳动物已经适应了栖息地的地质和生物变化。然而,受人类活动的影响,这里的哺乳动物正以更快的速度走向灭绝。

● 爬行动物也在挣扎中生存。尽管澳大利亚物种丰富,但气候变化和物种入侵(比如野猫和蔗蟾的入侵)正在加速本土生物的灭绝。目前,有7%的爬行动物正面临灭绝的风险。

2018年的研究发现,人类占全球生物总量的0.01%,却造成了超过80%的野生哺乳动物和50%的植物的消失。

● 如今,澳大利亚经常遭遇热浪侵袭,温度可超40摄氏度。

危机中的
澳大利亚

澳大利亚是幸存者之地。从一望无际的沙漠到白雪皑皑的山脉，摆在野生动物面前的是恶劣的生存环境。然而，数百万年来，动物们逐渐适应了这种环境，并在这里繁衍生息。但如今，这里正在发生变化，全球变暖影响了气候，海平面在上升。在澳大利亚，干旱、洪水、旋风和丛林火灾等极端天气气候事件频发。科学家警告，全球有六分之一的物种正面临灭绝的危险。澳大利亚的物种更是难逃这次挑战。

● 2017 年，被宣布灭绝的物种总数上升至 872 个。

认识鲨鱼

● 澳大利亚北部浅海有大量鲨鱼，那里也是地球上物种最丰富的地方。

● 鲨鱼的出现比恐龙还早约2亿年。

● 在世界范围内，这些壮观的生物正面临威胁，鲨鱼因鱼翅和肉遭到人类的过度捕捞，生存现状不容乐观。

在被猎杀的同时，金披风树袋熊也在失去它们的栖息地。它们被列为濒危动物，数量不断减少。

水温的持续上升、海水的污染，以及飓风等恶劣天气，正在破坏和摧毁澳大利亚珍贵的珊瑚礁。

在澳大利亚海域发现的六种海龟全部被列为易危、濒危和极危动物。海龟已经在海洋中生存了1亿年以上。

动物危机

　　澳大利亚部分标志性动物正在遭受威胁。很多蝙蝠、负鼠、树袋熊、蛇、海龟、鸟类和青蛙都被列入《受胁物种红色名录》。受胁等级最高的动物有毛鼻袋熊、橘腹鹦鹉、短鼻海蛇、南部夜宴蛙和南弯翅蝠。它们或被疾病困扰，或因耕地需要而被人类赶出家园。一旦这些物种消失，将永不复存。

　　我们必须竭尽所能改变生活习惯，保护动物的栖息地，以挽救这些濒危物种。

西部的环尾负鼠被列为极危动物，它们只在澳大利亚西南海岸的很小的一片区域活动。

名词解释

触肢 螯肢动物前体部的第二对附肢。由基节、转节、股节、膝节、胫节、跗节等 6 节组成。

单孔目 哺乳纲原兽亚纲现存的唯一一目。因其泌尿、生殖和消化管道末端都通入殖腔，共同开口于体外而得名。这类动物是大洋洲的象征。

感受器 生物体内专门感受体内外不同形式刺激的细胞或结构。

落叶林 某个季节树木落叶的森林类型。

爬行动物 脊椎动物爬行纲动物的统称。体被角质鳞或角质板，产硬壳的卵。包括蛇、蜥蜴、龟和鳄等。

热带气旋 发生在热带或副热带洋面上的气旋性环流，是热带低压、热带风暴、台风或飓风的统称。

物种入侵 某些物种借助于自然或人为力量，到一个新地区并对当地物种产生某种影响的现象。